INTRODUCTION

À LA

GÉOMÉTRIE GÉNÉRALE

PAR

Georges LECHALAS,

INGÉNIEUR EN CHEF DES PONTS ET CHAUSSÉES.

PARIS,

GAUTHIER-VILLARS, IMPRIMEUR-LIBRAIRE

DU BUREAU DES LONGITUDES, DE L'ÉCOLE POLYTECHNIQUE,

Quai des Grands-Augustins, 55.

1904

INTRODUCTION

A LA

GÉOMÉTRIE GÉNÉRALE.

ACTUALITÉS SCIENTIFIQUES.

INTRODUCTION

A LA

GÉOMÉTRIE GÉNÉRALE

PAR

Georges LECHALAS,

INGÉNIEUR EN CHEF DES PONTS ET CHAUSSÉES.

PARIS,

GAUTHIER-VILLARS, IMPRIMEUR-LIBRAIRE

DU BUREAU DES LONGITUDES, DE L'ÉCOLE POLYTECHNIQUE,

Quai des Grands-Augustins, 55.

1904

PRÉFACE.

Supposons un pays sans relation avec le reste du monde et imaginons le réseau de ses voies de communication. Il est aisé de comprendre que ce réseau, du moins par ses artères principales, ne conduira point aux limites de ce pays : créé pour en desservir les besoins intérieurs, les seuls connus, il ne sera naturellement aucunement aménagé pour répondre à des relations internationales.

Telle est l'image de la Géométrie classique, ou Géométrie euclidienne à trois dimensions. Établie pour faire connaitre les propriétés des figures que peut recevoir un espace que l'on considérait comme essentiellement unique et en dehors duquel on n'admettait pas qu'il pût y avoir d'autres figures, elle constitue une science pour ainsi dire fermée, où rien ne prépare à la généralisation des notions sur lesquelles elle repose : ce fait était, on peut le dire, inévitable, et il ne faut pas le reprocher aux fondateurs de cette Géométrie.

Lorsque, plus tard, frappé de l'impossibilité de démontrer le *postulatum* d'Euclide, on songea à faire reposer une autre Géométrie sur une hypothèse différente, on prit modèle sur ce qu'avaient fait les précédents géomètres, et l'on édifia un système différent du premier, mais non moins fermé que lui; puis une troisième hypothèse engendra une troisième Géométrie. On eut ainsi :

La Géométrie d'Euclide, où, par un point extérieur à une droite, on peut mener, dans le plan qu'ils déterminent, une droite qui ne rencontre pas la droite donnée et où l'on ne peut en mener qu'une;

La Géométrie de Lobatchefsky et de Bolyaï, où l'on peut mener une infinité de telles droites;

La Géométrie de Riemann, où l'on ne peut en mener aucune.

Ces trois systèmes fermés, construits à l'imitation mais indépendamment l'un de l'autre, présentent certaines ressemblances qui ont toujours été remarquées. Il y a d'abord, dans la Géométrie euclidienne, des propositions dont la démonstration est indépendante du postulatum : on ne peut évidemment que les retrouver dans les deux autres Géométries. Mais il y a plus : dans la Géométrie de Lobatchefsky, par exemple, on rencontre des surfaces, dites horisphériques, qui présentent exactement toutes les propriétés du plan euclidien, à la retournabilité près, c'est-à-dire que tous les théorèmes de la Géométrie plane ordinaire dont la démonstration n'exige pas le retournement du plan y sont vrais, si l'on substitue aux droites du plan les géodésiques de l'horisphère, c'est-à-dire les lignes qui y sont déterminées par deux points. Cette même Géométrie comporte également des surfaces sphériques dont toutes les propriétés intrinsèques, c'est-à-dire indépendantes de l'espace à trois dimensions, sont identiques à celles des sphères de la Géométrie d'Euclide.

Quant à la Géométrie de Riemann, elle ne comporte aucune surface analogue au plan euclidien, mais elle comprend des sphères dont on peut répéter ce que nous venons de dire des sphères de Lobatchefsky; ici s'ajoute une particularité : les plus grandes de ces sphères constituent les *plans* de l'espace considéré.

En un mot, les plans de Riemann ont même trigonométrie, c'est-à-dire même Géométrie intrinsèque que les sphères d'Euclide, mais envisagées dans leur espace à trois dimensions elles y jouissent de la retournabilité et d'autres propriétés bien différentes de celles que nous fait connaître la Géométrie classique à trois dimensions.

Des tentatives, généralement entachées d'erreurs partielles incontestables, ont été faites pour ramener à une sorte d'unité ces trois systèmes de Géométrie; nousmême, dans divers articles de revues et dans notre *Étude sur l'espace et le temps,* avons essayé de dégager les idées justes que nous croyons reconnaître dans ces tentatives. Mais nous devons avouer que cet essai a été peu encouragé par les Maîtres de la science géométrique; seulement on y a opposé plus d'anathèmes que de réfutations, et c'est ainsi que M. Barbarin, dans son excellent petit Livre sur *la Géométrie non euclidienne* (¹), nous classe résolument parmi les contra-

____

(¹) Collection *Scientia.*

dicteurs de cette Géométrie; mais presque tout ce qu'il dit (¹) n'est que la confirmation de notre thèse, et le reste n'est que désaccord entre deux tendances d'esprit différentes.

Notre tendance à l'unité de conception exige impérieusement pour aboutir, nous le verrons, qu'on accepte la conception d'espaces à plus de trois dimensions, et ce n'est pas en parlant des « propriétés factices des hyperespaces » que M. Barbarin prouvera l'illégitimité de cette conception. Mais, d'autre part, nous n'avons évidemment aucun moyen de contraindre, par un raisonnement quelconque, ceux dont l'esprit est satisfait par l'organisation fragmentaire que son développement historique a imposée à la Géométrie, à abandonner cette conception, qui n'a rien de contradictoire, pour une autre, à nos yeux plus large.

Ce que nous nous proposons de faire est donc simplement de présenter, surtout à ceux qui ne se sont pas encore formé de conception systématique des trois Géométries, un aperçu qui leur permettra d'entrer ensuite dans l'étude des Traités sur la matière sans se laisser subjuguer par des conceptions philosophiques qui n'ont assurément rien de nécessaire.

Si, comme nous l'avons dit dès le début, la Géométrie classique a, par la force des choses, été organisée de façon aussi peu favorable que possible à sa généralisation, notre premier soin sera d'indiquer quelques points de vue permettant de voir cette Géométrie de façon moins

---

(¹) Pages 61-65.

étroite : nous ouvrirons ainsi quelques grands chemins vers des limites qui, pour nous, ne sont que des frontières nullement infranchissables.

Notre second pas sera d'aborder ce qu'on a appelé l'*hyperespace*, ou plutôt le plus simple des hyperespaces, puisque, nous l'avons dit, ce n'est que par la conception d'espaces à plus de trois dimensions qu'on peut généraliser la Géométrie sans la diviser en tronçons discontinus.

Nous n'en dirons pas davantage, pour le moment, sur le plan de notre modeste essai, car ce sont les résultats seuls de l'étude de l'espace euclidien à quatre dimensions qui nous montrera la marche à suivre ensuite.

Pour éviter tout malentendu, nous ajouterons que nous ne pouvons songer à donner, dans une mince brochure, une démonstration de toutes les propositions que nous mentionnerons : nous cherchons à donner une orientation à l'esprit, et ce n'est que lorsque nos propositions s'écarteront de ce qu'on trouve dans tous les traités que nous en donnerons la preuve.

INTRODUCTION

À LA

GÉOMÉTRIE GÉNÉRALE.

CHAPITRE I.

GÉOMÉTRIE EUCLIDIENNE A UNE, A DEUX ET A TROIS DIMENSIONS.

Une pratique constante des auteurs de Traités de Géométrie consiste à envisager d'emblée les figures dans l'espace unique à trois dimensions qu'ils considèrent, en sorte que, dans la partie consacrée à la Géométrie à deux dimensions, on les voit procéder sans scrupule au retournement d'un plan. Cette manière de faire présente le très sérieux inconvénient d'empêcher de distinguer les propriétés intrinsèques et les propriétés relatives des figures. L'objet essentiel du présent Chapitre est d'habituer à faire cette distinction.

Il comprendra trois paragraphes, consacrés à la symétrie et à la retournabilité, à la Géométrie sphérique et enfin à la courbure.

§ I. — Symétrie et retournabilité.

Symétrie sur une ligne. — Considérons sur une droite quatre points A, B, C, D (*fig.* 1), prenons les symétriques A′, B′, C′, D′ de ces quatre points par rapport à un autre point O situé sur la même droite. Les deux figures déterminées de part et d'autre du point O, par ces deux systèmes de quatre points, sont composées d'éléments égaux et semblablement disposés, c'est-à-dire que les trois segments successifs sont égaux chacun à chacun et se suivent dans le même ordre. Néanmoins, tant qu'elles restent enfermées sur l'espace à une dimen-

Fig. 1.

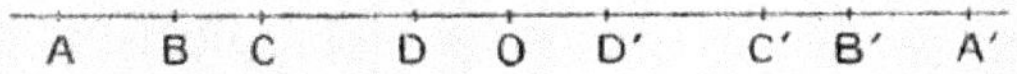

A   B   C   D   O   D′   C′   B′   A′

sion qu'est la droite, elles ne peuvent être amenées en superposition, à moins que l'on n'ait $AB = CD$; mais alors la superposition aurait un caractère pour ainsi dire accidentel et serait obtenue sans superposition des éléments homologues.

On peut donc dire d'une façon générale que ces deux figures symétriques ne sont pas superposables.

Si, au lieu de prendre nos points sur une droite, nous les prenons sur un cercle, il en sera exactement de même : les figures symétriques seront composées d'arcs égaux et semblablement disposés, mais elles ne pourront être amenées en superposition par simple glissement sur le cercle (*fig.* 2).

Si de la Géométrie à une dimension nous passons à

la Géométrie à deux dimensions, nous pourrons envisager notre droite sur un plan, et alors elle jouira de la propriété de retournabilité : nous pourrons faire tourner l'une de ses moitiés autour du point O dans le plan et l'amener à coïncider avec l'autre. Cette opération aura pour résultat d'amener en superposition les deux figures symétriques.

Notre cercle au contraire, étant également envisagé sur un plan, ne nous révélera aucun fait nouveau, au point de vue qui nous occupe. Mais qu'il soit sur une

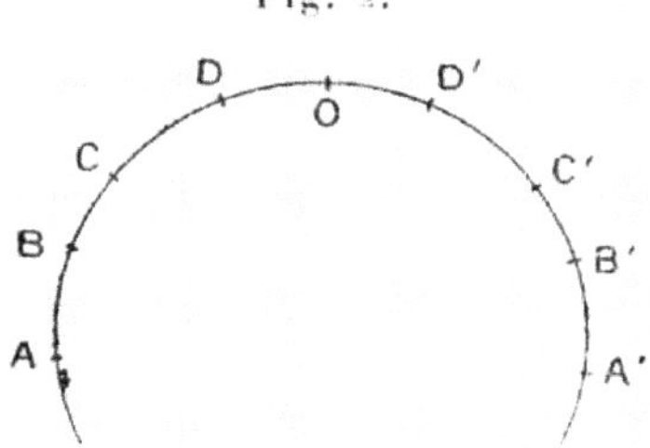

Fig. 2.

sphère dont il soit grand cercle, et aussitôt il nous apparaît à son tour comme retournable, et les deux figures symétriques deviennent superposables.

Remarque. — Plus d'un lecteur est sans doute prêt à protester, en disant que considérer un cercle c'est se placer sur un plan et faire de la Géométrie à deux dimensions, que parler d'une sphère c'est faire de la Géométrie à trois dimensions, car ne sont-ils pas, par définition, les lieux des points équidistants d'un même point, soit dans un plan, soit dans l'espace?

Il est incontestable que, si nous prétendions faire un

Traité de Géométrie générale, nous devrions reprendre toutes les définitions pour ne nous appuyer jamais sur des notions logiquement postérieures. Mais on sait que tel n'est point notre but : nous supposons connue toute la Géométrie ordinaire, et nous voulons simplement donner une nouvelle orientation à la conception que l'on s'en fait généralement. Cela étant, peu nous importe la façon dont on a acquis l'idée des divers êtres géométriques : nous prenons ces êtres avec leurs propriétés, et nous nous attachons à faire simplement ressortir celles qui répondent à nos desseins. Pour avoir été définie dans un espace à trois dimensions, une sphère n'en est pas moins une surface, c'est-à-dire un espace où les points sont définis par deux coordonnées, et par suite un espace à deux dimensions, et tant que nous restons sur cette surface nous ne faisons que de la Géométrie à deux dimensions : ainsi en est-il quand nous opérons le retournement d'un grand cercle, parce que ce grand cercle reste sur la sphère durant tout son mouvement.

Symétrie sur une surface. — Sur un plan ou une sphère, nous pouvons considérer deux sortes de symétries, la symétrie par rapport à un point et la symétrie par rapport à une droite ou à un grand cercle.

Deux figures symétriques par rapport à un point peuvent être amenées en superposition par une rotation de l'une d'elles de 180°, sur le plan ou la sphère, car ce mouvement amène chaque point de la figure mobile sur son symétrique dans l'autre figure.

Au contraire, deux figures symétriques par rapport à une droite ou à un grand cercle ne peuvent en aucune façon être amenées en superposition sans quitter la surface du plan ou de la sphère : elles n'en sont pas moins composées d'éléments égaux et semblablement disposés, comme l'étaient deux figures symétriques par rapport à un point sur une droite ou un cercle.

Mais nous avons vu que ces dernières figures pouvaient être amenées en superposition par une rotation sur une surface convenablement choisie, un plan pour la droite et, pour le cercle, une sphère où il soit grand cercle.

Eh bien ! ici de même deux figures symétriques sur un plan, par rapport à une droite, peuvent être amenées en superposition par une rotation autour de cette droite, dans l'*espace* à trois dimensions. Comme nous ne disposons que de cet unique espace, on peut prévoir, et la prévision est juste, qu'on n'arrive pas à opérer la superposition des figures symétriques sur la sphère par rapport à un grand cercle : nous ne pouvons pas opérer le retournement autour dudit grand cercle.

Symétrie dans l'espace. — Ici la symétrie est triple : elle peut exister par rapport à un point, par rapport à une droite ou par rapport à un plan.

Dans le cas de la symétrie par rapport à un point, chaque point peut être amené en coïncidence avec son symétrique par une rotation de 180° autour du centre de symétrie ; mais cela ne permet aucunement de superposer l'ensemble des deux figures, parce que les divers

vecteurs ne peuvent tourner d'une seule masse, en formant un solide invariable, par synthèse en une rotation
unique des rotations individuelles qui superposent séparément les points symétriques. On a donc deux figures
composées d'éléments égaux et semblablement disposés,
mais non surperposables.

Au contraire, la symétrie par rapport à une droite
jouit de la propriété qui appartenait à la symétrie par
rapport à un point sur le plan ou la sphère : la rotation
d'un point autour d'une droite étant ici déterminée
comme l'était la rotation autour d'un point sur une de
ces surfaces, on peut faire tourner l'une des figures,
pour ainsi dire, d'un seul bloc et l'amener en coïncidence avec la figure symétrique.

On peut prévoir que la symétrie par rapport à un plan
donnera deux figures non superposables dans l'espace à
trois dimensions où elles se trouvent : c'est le cas analogue à la symétrie par rapport à un point sur une ligne
et à la symétrie par rapport à une ligne sur une surface.

Une analogie étroite conduit à penser que, si l'on
disposait d'un espace à quatre dimensions, on pourrait
obtenir la superposition des deux figures après retournement de l'une à travers cet espace.

Mais c'est là anticiper sur le prochain Chapitre. On
remarquera du reste que, si cette hypothèse se vérifie,
la difficulté sera résolue en même temps pour la symétrie
par rapport à un point, puisqu'on démontre que celle-ci
se ramène à la symétrie par rapport à un plan.

En généralisant l'induction à laquelle nous sommes

conduits, on dirait que, dans un espace à n dimensions, une seule symétrie donne des figures qu'on puisse superposer sans les faire sortir de cet espace, à savoir la symétrie par rapport à l'espace de degré $n - 2$, tous les autres systèmes de symétrie donnant des figures qu'on ne peut superposer qu'après retournement de l'une d'elles dans l'espace de degré $n + 1$.

Sans vouloir entrer dans des discussions philosophiques, nous noterons combien se trouverait ainsi résolu simplement le paradoxe des figures symétriques non superposables, qui a paru à tant de penseurs, tels que Kant, gros de conséquences métaphysiques.

§ II. — Géométrie sphérique.

Nous avons vu, dans le Paragraphe précédent, que, par sa retournabilité sur la sphère dont il est grand cercle, un cercle présente sur cette surface des propriétés intéressantes. Il est bon de s'habituer à considérer ainsi les cercles sur des sphères.

Un premier fait, bien connu de tous, mais auquel on ne prête pas assez d'attention, c'est que, sur une sphère, tout cercle a deux centres.

Les deux rayons correspondants (ou distances polaires comme l'on dit souvent) sont en général inégaux mais présentent une somme constante, égale à un demi-grand cercle. Quand ils sont égaux, on a un grand cercle.

Sur le plan, les lignes équidistantes d'une droite sont des droites. Sur la sphère, les lignes équidistantes d'un grand cercle sont des petits cercles. Notons que, si l'on

fait passer un arc de grand cercle par deux points quelconques d'un petit cercle, le grand cercle normal à
celui-ci en son milieu est aussi normal au grand cercle
dont le petit cercle est équidistant.

Nous pourrions ici faire diverses remarques sur le
lien qui unit la surface enfermée par un contour sur la
sphère à la somme des angles extérieurs de ce contour,
s'il est polygonal, ou à l'intégrale des angles extérieurs
des tangentes géodésiques (ou grands cercles tangents),
s'il est courbe; mais cet ordre de questions sera exa-
miné d'un point de vue plus général dans le Paragraphe
suivant.

Remarquons enfin que la surface enfermée par un
cercle dépend de la sphère sur laquelle on l'envisage,
et que toutes les surfaces ainsi enfermées dans un même
cercle, sur toutes les sphères passant par lui, n'ont
aucun point commun, en dehors du cercle même.
D'autre part, on peut dire que, sur une sphère donnée,
tout cercle enferme deux surfaces différentes, contenant
chacune l'un des deux centres. Il est clair que, si on le
préfère, on peut qualifier d'extérieure la plus grande
des deux parties.

§ III. — Généralisation de la notion de courbure.

Courbure d'un arc. — La courbure d'un arc plan
quelconque est l'angle de ses tangentes extrêmes, angle
qu'on peut obtenir en leur menant des normales par un
point du plan et mesurer au moyen de l'arc intercepté
par ces normales sur un cercle de rayon 1. La courbure

moyenne de l'arc est le rapport de cet angle à la longueur de l'arc lui-même, et la courbure en un point est la limite vers laquelle tend ce rapport lorsque la longueur de l'arc décroît indéfiniment : cette limite est l'inverse du rayon du cercle osculateur. Cette notion de la courbure sur un plan s'étend à une courbe gauche.

Cette définition de la courbure a un caractère exclusivement euclidien et n'a de sens que dans l'espace à trois dimensions si la ligne considérée n'est pas plane. Sans sortir de la Géométrie ordinaire, on est amené à considérer d'autres courbures, suivant que l'on envisage une même ligne sur des surfaces différentes, car alors la courbure que nous avons définie, et qu'on appelle la *courbure propre* de la ligne, n'est pas toujours l'élément le plus intéressant. Si, par exemple, on déforme une surface, supposée inextensible, la courbure propre de chaque ligne qui y est tracée varie incessamment d'une manière quelconque tandis que la courbure de la ligne plane obtenue en projetant une courbe donnée sur le plan tangent en un point conserve, pour ce point, une valeur invariable : c'est ce que Liouville a appelé la *courbure géodésique*.

Cette courbure est d'ailleurs susceptible d'une interprétation beaucoup plus satisfaisante, car elle nous détache de l'espace à trois dimensions et nous fait rester sur la surface considérée.

On retombe en effet sur la courbure géodésique si l'on remplace les tangentes rectilignes par les courbes géodésiques de la surface tangentes aux divers points de la ligne donnée. On remarquera que la courbure géodésique d'une ligne en un point est essentiellement relative à la surface sur laquelle on la considère, et que toute ligne est à courbure nulle sur la surface dont elle est géodésique. La courbure propre n'est que la courbure géodésique obtenue en envisageant sur un plan l'élément de courbe défini par trois points infiniment voisins.

Courbure d'une surface. — Si des lignes nous passons aux surfaces, nous trouvons la notion de courbure propre développée par Gauss d'une façon absolument parallèle à ce que nous avons dit pour les lignes. Sur une surface, limitons une région par une courbe fermée quelconque et, par le centre d'une sphère de rayon 1, menons des parallèles aux normales ou des perpendiculaires aux plans tangents à la surface aux divers points de la courbe : l'ensemble de ces droites découpe une région sur cette sphère, et la surface de cette région est ce que Gauss appelle la *courbure intégrale* de la région considérée sur la surface donnée. Si d'ailleurs cette région se resserre indéfiniment autour d'un point M de la surface, la limite vers laquelle tend le rapport de la courbure intégrale à la surface de cette région, limite indépendante de la loi suivant laquelle s'évanouit la région considérée, est la courbure de la surface au point M, sa *courbure totale* pour employer l'expression généralement adoptée.

On sait que, parmi toutes les courbes tracées sur la surface par le point M, il en est deux, rectangulaires l'une à l'autre, dont les rayons de courbure, dits *principaux*, sont l'un maximum et l'autre minimum. Si donc on considère un élément de surface rectangulaire, ayant ses côtés parallèles aux directions principales, on voit que la courbure totale est égale à l'inverse du produit des deux rayons de courbure principaux. Suivant que ces deux rayons sont de même sens ou de sens opposés, la courbure est positive ou négative.

Cette notion de la courbure n'a de sens que pour qui envisage une surface euclidienne dans l'espace euclidien à trois dimensions. Si donc nous voulons préparer une généralisation de la Géométrie, nous devons chercher à transformer cette notion en une autre qui soit indépendante de ces références. Un théorème dû à Gauss permet d'obtenir cette transformation.

Ce théorème nous apprend que « la courbure intégrale d'un triangle formé sur une surface continue quelconque par trois lignes géodésiques est égale à la somme des angles de ce triangle diminuée de deux angles droits ([1]). »

La portée de ce théorème est considérable, car non seulement il permet de juxtaposer à la définition classique de la courbure des surfaces une autre définition qui a l'avantage de ne reposer que sur des éléments mesurables sans sortir de cette surface, mais de plus, en vertu même de ce caractère intrinsèque, cette nouvelle

---

([1]) Dans ses *Disquisitiones generales circa superficies curvas*, Gauss parle en ces termes satisfaits de ce théorème : *Hoc theorema, ni fallimur, ad elegantissima in theoria superficierum curvarum referendum esse videtur.*

définition peut se détacher de l'ancienne, en répondant à des cas où celle-ci n'aurait plus aucun sens.

Lorsque nous verrons se réaliser cette hypothèse, nous devrons bien nous souvenir que le terme « courbure » se sera dégagé du sens courant contre l'influence inconsciente duquel nous devrons nous prémunir avec soin.

Appliqué à une surface à courbure constante, le théorème de Gauss nous apprend que la courbure en un point quelconque est égale au quotient de l'excès angulaire (positif ou négatif) d'un triangle quelconque divisé par la surface de ce triangle; on peut d'ailleurs substituer au triangle un polygone quelconque, ou même une courbe : dans ce cas, on prend l'excès, changé de signe, sur quatre droits de l'intégrale des angles extérieurs des tangentes géodésiques (¹).

Retour à la courbure d'une ligne. — La généralisation de la notion de courbure pour une surface se trouve, nous venons de le voir, réalisée de la façon la plus satisfaisante, tandis que cette généralisation n'avait donné que des résultats fort incomplets pour les lignes. Ceci tient à ce qu'il n'existe aucun moyen de rien dire de la

---

(¹) Si nous désignons la courbure par $\frac{1}{k}$, nous aurons donc

$$\frac{1}{k} = \frac{E}{S} \qquad \text{ou} \qquad S = kE,$$

E étant l'excès angulaire et S la surface enfermée par le contour considéré.

forme d'une ligne sans en sortir, si ce n'est de dire qu'elle est ouverte ou fermée.

Aussi tout ce que nous avions pu faire avait été de dépouiller la notion de courbure de son faux caractère absolu en montrant qu'elle dépend de la surface sur laquelle on envisage un élément d'une ligne.

Maintenant nous pourrons faire un pas de plus, grâce à la précédente étude de la courbure des surfaces ; mais, comme on va le voir, ce pas en avant constitue une sorte de réhabilitation de la courbure propre qui, généralisée, servira vraiment à caractériser une courbe, en dehors de toute conception exclusivement euclidienne.

La courbure d'une sphère est égale à l'inverse du carré de son rayon et celle de son grand cercle est mesurée par l'inverse de ce même rayon, en sorte qu'elle est la racine carrée de la première.

Le théorème de Gauss donne une autre expression de la courbure de la sphère, mais le résultat est le même et par suite nous aurons la courbure propre de sa géodésique en prenant la racine carrée de cette expression généralisée.

Si dans la suite, une fois sortis de la Géométrie euclidienne, nous découvrons des surfaces à courbure négative ne présentant pas la double courbure inverse des surfaces de ce genre de l'espace euclidien, nous serons amenés à parler de la courbure imaginaire de leurs géodésiques par la simple extension de notre nouvelle définition.

Disons de suite qu'il ne faudrait pas en conclure que nous serions dans le monde des pures abstractions imaginaires, telle qu'est la sphère de rayon $R\sqrt{-1}$. Celle-ci a un caractère purement algébrique, et elle ne saurait essentiellement répondre à aucune sensation ou intuition spatiale, tandis que les autres surfaces dont nous parlons, si elles n'y répondent pas en fait, présentent des caractères absolument de même nature que les surfaces de notre intuition spatiale, et rien ne permet de dire que des sensations correspondantes sont en soi impossibles.

Ce fait que la courbure des géodésiques de ces surfaces serait imaginaire offre du reste cet intérêt de nous rappeler que, comme nous l'avons dit, la définition généralisée de la courbure s'étend à quelque chose de profondément différent de notre intuition vulgaire de la courbure. Ceci s'éclairera mieux quand nous étudierons la Géométrie de Lobatchefsky.

CHAPITRE II.

Besoin de cette Géométrie. — Les deux premiers Paragraphes du Chapitre précédent ont eu pour principal objet de faire ressortir combien incomplète est l'étude d'un être géométrique, si on ne le considère qu'en lui-même ou même si on ne le place que dans un seul espace d'ordre supérieur. Ainsi, pour bien connaître le cercle, il convient de l'envisager non seulement sur un plan, mais aussi sur une sphère, en distinguant les cas où il y est grand ou petit cercle.

De même, la connaissance du plan resterait insuffisante, si on ne le comprenait pas dans ce qu'on appelle vulgairement l'*espace,* et qui n'est que l'espace d'ordre immédiatement supérieur dans lequel il est retournable.

L'analogie la plus vulgaire permet de comprendre que, de la même façon, notre espace à trois dimensions serait mieux connu si l'on pouvait l'étudier dans un espace à quatre dimensions, et que la sphère nous révélerait de nouvelles propriétés si nous pouvions la placer dans un espace à trois dimensions qui serait à notre espace ce que la sphère est au plan.

Prétendue fin de non-recevoir. — Ici l'on nous arrê-
tera peut-être par une fin de non-recevoir : la Géométrie vit d'images; là où s'arrête l'image, elle finit
elle-même et fait place à la pure analyse. Nous devons
reconnaître que nous ne pouvons nous former des images
de figures à quatre dimensions, et ceux qui repoussent
toute Géométrie non imaginable sont en droit de pros-
crire ces figures; mais que dire des partisans des Géométries non euclidiennes qui prétendent opposer cette
règle à la Géométrie euclidienne à quatre dimensions?
Jamais prétention ne fut plus arbitraire, car les repré-
sentations des figures non-euclidiennes sont d'une faus-
seté contradictoire. Combien à ce point de vue, d'ailleurs
étroit, la Géométrie euclidienne à quatre dimensions ne
l'emporte-t-elle pas sur les Géométries non-euclidiennes,
puisqu'elle peut obtenir les projections parfaitement cor-
rectes des figures de l'espace à quatre dimensions? On
est quelque peu surpris de prime abord, quand on
apprend que la Géométrie descriptive de ces figures
n'exige que leurs projections sur deux plans.

Nous l'avons déjà dit, nous ne saurions accepter
comme Géométrie une analyse imaginaire, telle que
celle qu'on obtient en remplaçant R par $R\sqrt{-1}$ dans
les formules de la Géométrie sphérique, car, là, la
représentation par l'imagination n'est pas seulement
impossible en fait, mais elle l'est absolument : cette
analyse n'a plus aucun rapport avec une forme d'exté-
riorité.

Au contraire, la notion d'un espace à quatre dimensions repose sur des intuitions spatiales, et nous n'avons

aucune raison de refuser d'admettre qu'elle pourrait répondre à des images, soit dans d'autres esprits, soit même dans les nôtres si notre sensibilité avait reçu une autre éducation.

Le présent Chapitre se divisera en deux Paragraphes, consacrés respectivement aux espaces euclidiens [ou homogènes ([1])] à trois dimensions et aux espaces sphériques à trois dimensions.

Surtout dans le premier de ces Paragraphes, correspondant au Ve Livre de Legendre, nous ne ferons guère que résumer brièvement quelques-uns des développements donnés par M. le colonel Jouffret dans son excellent *Traité élémentaire de Géométrie à quatre dimensions*.

§ I. — LIVRE V DE LA GÉOMÉTRIE A QUATRE DIMENSIONS.

Conception de l'espace à quatre dimensions. — L'être superficiel vivant sur un plan, tel que l'a imaginé Helmholtz, ne peut, par un point d'une droite, élever qu'une perpendiculaire à cette droite, et, si toutes ses sensations lui viennent de points situés dans son plan, on ne voit pas comment il pourrait imaginer d'autres perpendiculaires.

Nous, habitants d'un espace à trois dimensions, nous imaginons une infinité de droites perpendiculaires à

([1]) Nous prenons ce mot dans le sens que lui attribuait Delbœuf, c'est-à-dire qu'une portion de l'espace *majorée* engendre le même espace.

une autre, en un de ses points ; mais, dans cette infinité,
il n'y a qu'une droite qui soit à la fois perpendiculaire
à la droite donnée et à une de ses normales également
déterminée. En d'autres termes, par un point, nous ne
pouvons mener que trois droites perpendiculaires entre
elles, comme l'habitant d'un plan n'en pourrait mener
que deux.

De même que ce dernier pourrait poser l'hypothèse
de trois perpendiculaires et en déduire notre Géométrie
dans l'espace, sans pouvoir l'appuyer d'images, de
même nous pouvons poser l'hypothèse de quatre perpendiculaires et en déduire une Géométrie à quatre dimensions.

Maintes fois on a protesté contre l'hypothèse d'êtres
superficiels, en disant que de tels êtres seraient de
pures abstractions, étant infiniment minces ; mais cette
objection résulte de la subordination de l'intelligence à
l'imagination, car, comme nous le verrons, notre espace
à trois dimensions est également infiniment mince :
une droite qui n'y est pas contenue le perce en un point
unique. Et il en est ainsi de tous les espaces : tant qu'on
y reste enfermé, ils fournissent un champ sans limites
aux investigations ; mais, si on les envisage dans un
espace d'ordre supérieur, ils apparaissent aussi minces
qu'une simple ligne ou qu'une surface.

**Étude des quatre droites perpendiculaires entre elles
menées par un point.** — Puisque nous avons pris comme
base de notre conception de l'espace à quatre dimensions
un sytème de quatre droites perpendiculaires entre elles

passant par un même point, examinons un peu ce qu'engendrent ces quatre droites, que nous désignerons par les notations x_1, x_2, x_3, x_4.

Groupées trois à trois, ces droites engendrent quatre espaces à trois dimensions, et l'on obtient six plans en les groupant deux à deux. Deux quelconques des espaces se coupent suivant le plan défini par les deux indices communs; mais, pour les intersections de plans, une distinction est nécessaire, car ils ont ou non un indice commun.

Dans le cas de l'affirmative, les deux plans appartiennent à un même espace à trois dimensions et se coupent suivant la droite définie par l'indice commun; si tous les indices sont différents, les deux plans n'appartiennent pas à un même espace ([1]) et n'ont qu'un point commun.

L'une quelconque de nos quatre droites est perpendiculaire à toute droite et à tout plan menés dans l'espace des trois autres droites par leur point commun : elle est perpendiculaire à cet espace, et tous les points de celui-ci se projettent sur elle en un même point.

Les six plans sont tous perpendiculaires entre eux deux à deux, mais dans des conditions bien différentes; ceux qui se coupent suivant une droite le sont dans les conditions connues de la Géométrie à trois dimensions : il y a, dans chacun d'eux, une direction unique qui est

---

([1]) Pour la commodité du langage, nous supprimons la qualification « à trois dimensions ». M. Jouffret appelle « étendue » l'espace à quatre dimensions, et « champ » est le terme générique désignant pour lui un espace d'un nombre quelconque de dimensions.

perpendiculaire à toutes les droites de l'autre, tandis qu'une droite quelconque d'un des plans est, comme on le voit immédiatement, perpendiculaire à une droite quelconque du plan correspondant aux deux autres indices.

Dans le premier cas, il y a perpendicularité *simple* ou *incomplète*, tandis que la perpendicularité est *absolue* ou *complète* dans le second.

Il ne faudrait pas croire, d'après cela, que la perpendicularité soit toujours complète lorsqu'elle correspond au cas général d'un point d'intersection unique des deux plans. Partant en effet des plans $x_1 x_2$ et $x_2 x_3$, nous pouvons prendre un plan parallèle à ce dernier, dans l'espace $x_2 x_3 x_4$; ce nouveau plan ne sera pas dans un même espace avec le plan $x_1 x_2$, mais il ne lui sera qu'incomplètement perpendiculaire, attendu que les droites à l'infini des deux plans se rencontrent (au point de l'infini de la droite x_2) (¹).

Le parallélisme des plans présente également deux cas bien différents, correspondant aux deux cas d'intersection en un point unique ou suivant une droite : quand le point ou la droite est rejetée à l'infini, les deux plans sont parallèles, mais les deux cas sont évidemment bien distincts. Dans le dernier, qui est un cas particulier, les deux plans sont dans un même espace à trois dimensions; c'est le parallélisme classique ou parallélisme *complet :* toutes les droites de chaque plan

---

(¹) La direction x_1 est évidemment perpendiculaire au plan considéré, tandis que la direction x_2 lui est parallèle.

sont parallèles à l'autre. Quand, au contraire, les deux plans n'ont qu'un point commun, rejeté d'ailleurs à l'infini, par chaque point de l'un d'eux il ne passe évidemment qu'une droite parallèle à l'autre, puisque le point donné et le point commun à l'infini déterminent une droite unique. Le parallélisme est dit alors *incomplet*.

Le Tableau suivant résume les diverses circonstances que peut présenter l'incidence de deux plans et fait ressortir la correspondance des divers cas de parallélisme et de perpendicularité.

INTERSECTION des deux plans.		PARALLÉLISME.	PERPENDICULARITÉ.
A distance finie	un point...	nul	nulle
		nul	incomplète
		nul	complète
	une droite.	incomplet	nulle
		incomplet	incomplète
A l'infini	un point...	incomplet	nulle
		incomplet	incomplète
	une droite.	complet	nulle

On voit que, si le parallélisme complet est incompatible avec toute perpendicularité, et réciproquement, parallélisme et perpendicularité incomplets sont parfaitement compatibles entre eux. La première proposition résulte immédiatement des définitions de la perpendicularité et du parallélisme complets. Quant aux mêmes relations incomplètes de deux plans, elles sont évidemment réunies dans deux plans du même espace perpendiculaires entre eux, puisqu'ils ont en commun le point de l'infini de leur intersection. D'autre part, si deux plans se coupent en un point unique rejeté à l'infini, rien ne les empêche d'être imcomplètement perpendiculaires entre eux.

Rotation autour d'un plan. — Revenons aux quatre droites perpendiculaires entre elles, issues d'un même point O. Chacune d'elles est perpendiculaire au plan de deux quelconques des trois autres.

En particulier, x_1 et x_2 sont perpendiculaires au plan de x_3 et de x_4. Dès lors, si, laissant immobiles les deux premières de ces droites, nous faisons tourner x_3 autour du point O, dans le plan $x_3 x_4$, nous aurons constamment un trièdre rectangle qui décrira une révolution sans que deux de ses arêtes éprouvent aucun déplacement.

Si maintenant nous concevons une perpendiculaire au plan $x_1 x_2$, élevée en chacun de ses points dans l'espace $x_1 x_2 x_3$, et si nous supposons que toutes ces droites se déplacent en même temps que x_3 de façon à rester toujours dans l'espace du trièdre, nous voyons que tout cet espace tourne autour du plan $x_1 x_2$; après un quart de révolution, il coïncide avec l'espace $x_1 x_2 x_4$; après une demi-révolution, les deux moitiés de l'espace $x_1 x_2 x_3$ séparées par le plan $x_1 x_2$ ont échangé leurs positions respectives, et enfin, après une révolution complète, tout a repris sa position primitive.

Figures symétriques par rapport à un plan. — On voit immédiatement que, dans la rotation précédente, chaque point occupe, après une demi-révolution, la position qu'occupait au début du mouvement son symétrique par rapport au plan $x_1 x_2$, d'où résulte que cette demi-révolution amène deux figures symétriques en superposition : c'est la confirmation de la généralisation que nous avions formulée dans le Chapitre I.

Coordonnées. — Les quatre droites qui se coupent en un point et dont chacune est perpendiculaire aux trois autres fournissent une extension immédiate des coordonnées cartésiennes. Si l'on projette un point A sur ces quatre axes, on obtient ses quatre coordonnées a_1, a_2, a_3, a_4. On remarquera d'ailleurs que ses projections sur les plans déterminés par les axes peuvent aussi servir à le définir; mais ici il faut faire une distinction : tandis que, si l'on donnait ces projections sur deux plans situés dans un même espace à trois dimensions, le point ne serait pas déterminé vu qu'on ne pourrait en déduire que trois de ses coordonnées, les projections sur deux plans non situés dans le même espace déterminent les quatre coordonnées et par suite le point A lui-même. Il en résulte que, comme nous l'avons déjà indiqué, il suffit, en Géométrie descriptive, de deux projections d'un point de l'espace à quatre dimensions pour le déterminer.

Une équation du premier degré détermine un espace à trois dimensions euclidien; deux équations semblables répondent au plan, intersection des deux espaces déterminés respectivement par chacune d'elles, et enfin trois équations linéaires définissent une ligne droite.

Ces diverses propositions, assez évidentes d'elles-mêmes, sont aisées à démontrer. Il suffit par exemple de faire $x_4 = 0$ pour obtenir un système analytique à trois variables absolument identique à notre Géométrie analytique ordinaire.

Nous pourrions d'ailleurs donner de suite quelques applications de la Géométrie analytique à quatre dimensions, par exemple en montrant par le calcul la retournabilité d'un espace à trois dimensions autour d'un plan et la superposition qui en résulte de deux figures symétriques par rapport à ce plan; mais l'étude des sphères à trois dimensions, qui va faire l'objet du prochain Paragraphe, fournira un exemple suffisant de ce genre d'exercices.

§ II. — Sphères à trois dimensions.

Leur définition, leur contenu et leur contenant. — Dans l'espace euclidien à quatre dimensions, l'équation

$$x_1^2 + x_2^2 + x_3^2 + x_4^2 = R^2$$

est celle du lieu des points situés à une distance R de l'origine des coordonnées : c'est une sphère à trois dimensions ou, si l'on veut encore, un espace sphérique à trois dimensions, c'est-à-dire où un point est déterminé par trois coordonnées.

On remarquera qu'une droite issue de l'origine la perce en deux points, en vertu même de sa définition, et il en est d'ailleurs ainsi de toute autre droite qui la rencontre. Nous ne le faisons remarquer qu'à titre de nouvelle vérification du fait général qu'un espace d'ordre quelconque est toujours infiniment mince à l'égard d'une ligne qui n'y est pas contenue.

On trouvera dans le *Traité* de M. Jouffret le calcul du *contenu* et du *contenant* de la sphère à trois dimensions en fonction de son rayon, ainsi que ceux d'une sphère d'un nombre quelconque de dimensions. Bien que cette question ne présente pas pour nous un grand intérêt, nous reproduirons les résultats parce qu'ils sont assez curieux.

Dans un espace euclidien de degré $2n$, le contenu de la sphère est donné par la formule

$$\frac{\pi R^2}{1} \cdot \frac{\pi R^2}{2} \cdot \frac{\pi R^2}{3} \cdots \frac{\pi R^2}{n},$$

en sorte que, dans l'espace à quatre dimensions, on a

$$\frac{\pi^2 R^4}{2}.$$

Dans l'espace de degré $2n - 1$, la formule est

$$\frac{2^n}{\pi R} \cdot \frac{\pi R^2}{1} \cdot \frac{\pi R^2}{3} \cdots \frac{\pi R^2}{2n - 1}.$$

En faisant $2n - 1 = 3$, on obtient bien $\frac{4}{3} \pi R^3$.

Pour passer du contenu au contenant, on peut appliquer la relation

$$\frac{A_n}{_nB} = \frac{R}{n},$$

où A_n et B_n sont le contenu et le contenant dans l'espace de degré n. On a donc, quand $n = 4$,

$$B_n = \frac{n \, A_n}{R} = 2 \, \pi^2 \, R^3.$$

Ces valeurs des contenus et des contenants dans les espaces successifs présentent deux particularités intéressantes. Quand on passe d'une valeur paire à une valeur impaire de n, l'exposant de π ne change pas, mais il augmente d'une unité quand on passe d'une valeur impaire à une valeur paire.

Ce fait tient à ce que la différentielle contient le facteur $\cos^n \theta \, d\theta$; or on sait que, si l'on pose

$$i_n = \int_0^{\frac{\pi}{2}} \cos^n \theta \, d\theta,$$

on a

$$n i_n = (n - 1) i_{n-2}.$$

Comme $i_0 = \frac{\pi}{2}$ et $i_1 = 1$, la loi signalée apparaît immédiatement.

D'autre part, si l'on prend le rayon pour unité de longueur, la valeur du contenu va en diminuant à partir du sixième degré. Dès le vingtième degré, la valeur est très faible, et la limite est zéro lorsque n croît indéfiniment.

Les valeurs du contenant continuent à croître un peu plus longtemps, mais décroissent ensuite très rapidement et tendent également vers zéro.

Étude analytique des sphères à deux dimensions. — Mais ce sont là pour nous pures curiosités, et nous avons hâte d'aborder avec détail un ordre de questions qui a été négligé par M. Jouffret. Nous préparerons cette étude en établissant analytiquement les propriétés correspondantes des sphères à deux dimensions : par là se trouvera facilitée l'interprétation géométrique du développement analytique analogue à quatre variables.

Soit, dans un espace euclidien à trois dimensions, la sphère

$$x_1^2 + x_2^2 + x_3^2 = R^2,$$

que nous coupons par le plan $x_1 = 0$; la courbe d'intersection est le cercle

$$x_2^2 + x_3^2 = R^2.$$

Si maintenant nous rendons le plan sécant mobile autour de l'axe x_3, en lui donnant pour équation

$$x_1 = x_2 \tang \alpha,$$

la courbe d'intersection restera la même, quel que soit α, en raison de la parfaite symétrie de l'équation de la sphère, et ainsi du reste qu'on le vérifierait facilement au moyen d'un changement de coordonnées qui ferait du plan sécant le nouveau plan des $x_2 x_3$ ([1]).

([1]) Les formules de transformation seraient

$$x_1 = \quad x_1' \cos \alpha + x_2' \sin \alpha,$$
$$x_2 = - x_1' \sin \alpha + x_2' \cos \alpha,$$
$$x_3 = \quad x_3'.$$

Il résulte de là que, lorsque le plan sécant tourne autour de l'axe des x_3, le grand cercle (¹) qu'il détermine constamment sur la sphère engendre celle-ci, et l'on peut ajouter que, lorsque α est égal à π, chaque moitié du grand cercle vient en coïncidence avec la position primitive de l'autre moitié (²) : il y a eu retournement du cercle. Ce retournement, d'ailleurs, au lieu d'être considéré comme étant le résultat de la rotation d'un plan autour de l'axe des x_3 dans l'espace à trois dimensions, peut être regardé comme opéré par une rotation sur la sphère elle-même autour des points où cet axe perce cette surface

$$x_1 = 0, \qquad x_2 = 0, \qquad x_3 = \pm\, \mathrm{R}.$$

On peut donc dire, comme nous l'avons déjà remarqué, que le cercle est une ligne retournable autour de deux de ses points, sur les sphères dont il est grand cercle.

Remarquons d'ailleurs que, pendant la rotation, les points situés sur le plan des $x_1 x_2$ ont décrit le grand cercle

$$x_1^2 + x_2^2 = \mathrm{R}^2$$

et sont restés, durant tout le mouvement, à une distance constante $\frac{1}{2}\pi\,\mathrm{R}$ des deux points autour desquels s'est

---

(¹) Nous disons le grand cercle, car le plan $x_1 = a$, par exemple, coupe la sphère suivant le cercle plus petit

$$x_2^2 + x_3^2 = \mathrm{R}^2 - a^2.$$

(²) Ceci résulte immédiatement de la symétrie de l'équation du cercle.

effectuée la rotation : un grand cercle a donc deux centres sur la sphère auxquels répondent deux rayons égaux. Tout point à une distance βR d'un des centres de rotation décrit également un cercle ayant aussi deux centres, mais auxquels répondent des rayons inégaux βR et $(\pi - \beta) R$, ayant πR pour somme. La parfaite symétrie de l'équation de la sphère montre la généralité de ces propriétés.

Retournabilité d'une sphère dans un espace sphérique à trois dimensions approprié. — Avec une variable de plus, l'équation

$$x_1^2 + x_2^2 + x_3^2 + x_4^2 = R^2$$

représente, dans un espace à quatre dimensions euclidien, c'est-à-dire ayant la droite euclidienne pour géodésique, un espace à trois dimensions que nous avons appelé *sphérique*.

Une équation du premier degré représente un espace euclidien à trois dimensions, et celui qui a pour équation

$$x_1 = 0$$

coupe l'espace sphérique suivant la sphère

$$x_2^2 + x_3^2 + x_4^2 = R^2,$$

qu'on peut appeler *grande sphère*, car tout autre espace ne passant pas par l'origine des coordonnées, tel que $x_1 = a$, déterminerait une sphère de plus petit rayon

$$x_2^2 + x_3^2 + x_4^2 = R^2 - a^2.$$

Rendons mobile l'espace sécant autour du plan des

$x_3\,x_4$ en changeant son équation en $x_1 = x_2 \tang\alpha$; la
sphère d'intersection restera la même en raison de la
parfaite symétrie de l'équation de l'espace sphérique,
ainsi du reste qu'on le vérifierait au moyen d'un changement de coordonnées qui ferait de l'espace sécant
celui des nouveaux axes x_2, x_3 et x_4 (¹). Il résulte de
là que, lorsque l'espace sécant tourne autour du plan
des $x_3\,x_4$, la grande sphère qu'il détermine dans l'espace
sphérique engendre celui-ci, et l'on peut ajouter que,
lorsque α est égal à π, chaque moitié de la sphère se
trouve en coïncidence avec la position primitive de
l'autre moitié : il y a eu retournement de la sphère.
Ce retournement d'ailleurs, au lieu d'être considéré
comme résultant de la rotation d'un espace euclidien à
trois dimensions dans un espace également euclidien à
quatre dimensions, peut être regardé comme opéré dans
l'espace sphérique à trois dimensions, autour du grand
cercle suivant lequel le plan des $x_3\,x_4$ coupe cet espace
sphérique

$$x_1 = 0, \qquad x_2 = 0, \qquad x_3^2 + x_4^2 = R^2.$$

On peut donc dire que la sphère est une surface
retournable autour de ses grands cercles dans les espaces
sphériques à trois dimensions dont elle est grande
sphère.

Cette question de retournabilité de la sphère est si
importante qu'il convient d'insister pour éviter tout

(¹) Les x_3 et les x_4 restent sans changement et les formules de
transformation des x_1 et des x_2 sont celles que nous avons vues pré-
cédemment.

malentendu. Un cercle étant donné sur un plan, une simple rotation de 180° autour du centre amène en superposition chaque moitié du cercle avec la position primitive de l'autre moitié; mais il n'y a pas eu retournement, parce que chaque point n'est pas venu en superposition avec son symétrique par rapport au diamètre séparatif (*voir* p. 4 et 5). Au contraire, il y a retournement par l'effet de la rotation soit autour de ce diamètre, soit sur la sphère autour des deux points séparatifs des deux demi-cercles.

De même, on peut amener une demi-sphère en superposition avec l'autre moitié par rotation autour d'un diamètre du grand cercle séparatif (ou, si l'on veut, autour des deux extrémités de ce diamètre); mais il n'y a pas alors retournement : chaque point vient en superposition avec son symétrique par rapport à ce diamètre et non avec son symétrique par rapport au plan séparatif. Au contraire, la rotation autour du plan opère la superposition de ces derniers symétriques (*voir* p. 6).

La proposition est évidente dans le cas de la rotation autour d'une droite dans l'espace à trois dimensions, mais elle résulte d'ailleurs de ce calcul fort simple : soit un point (x_1, x_2, x_3) qui tourne autour de l'axe des x_3. Cette dernière coordonnée ne varie pas, tandis que les deux autres sont liées par les relations

$$\left\{ \begin{array}{l} x_1^2 + x_2^2 = r^2, \\ x_1 = r \sin \alpha, \\ x_2 = r \cos \alpha, \end{array} \right.$$

α désignant l'angle du plan de rotation avec le plan

des $x_2 x_3$. Si l'on remplace α par $\alpha + \pi$, x_1 et x_2 changent de signe en conservant la même valeur absolue.

Dans le cas de quatre dimensions et de la rotation autour du plan des $x_3 x_4$, il en est de même : les deux coordonnées x_3 et x_4 restent constantes, tandis que x_1 et x_2 sont reliées précisément par les mêmes formules que tout à l'heure : ils changent donc simplement de signe après une rotation de 180°, et la nouvelle position est symétrique de la première par rapport au plan des $x_3 x_4$. Ceci est vrai quels que soient x_1 et x_2; si, comme cas particulier, x_1 est nul, le point X est dans l'espace des $x_2 x_3 x_4$ et s'y retrouve après la demi-rotation : il n'en est sorti que pour subir le retournement. Il en est ainsi de toute figure, notamment de la sphère intersection de l'espace $x_1 = o$ avec l'espace à quatre dimensions, laquelle se trouve ainsi retournée.

Double centre des sphères. — Pendant la rotation d'une grande sphère autour d'un de ses grands cercles, chacun des points de cette surface reste à des distances constantes de chacun des points de ce grand cercle; si donc nous considérons un des points de celui-ci et le grand cercle dont il est le centre (ou le pôle), tous les points engendrés par ce grand cercle seront également distants de ce point et formeront une sphère dont il sera un centre, mais qui en aura un second, à savoir le second centre du grand cercle générateur.

Les deux rayons de cette grande sphère seront tous deux égaux à $\frac{1}{2}\pi R$. Si au lieu d'un grand cercle nous en prenons un petit, il engendrera une petite sphère ayant deux rayons βR et $(\pi - \beta)R$.

Tous ces rayons sont mesurés suivant des arcs de grand cercle et, d'une façon générale, c'est suivant de telles lignes que se mesurent les distances dans l'espace à trois dimensions sphérique, car, comme sur la sphère, ces lignes y sont les lignes de plus courte distance. Dès lors, si l'on désigne par c et par s la distance de deux points suivant la droite ou suivant l'arc de grand cercle qui les joint, on voit sans difficulté que l'on a

$$c = 2R \sin \frac{s}{2R}$$

ou, en représentant par $\frac{1}{k}$ la courbure de la sphère,

$$c = 2\sqrt{k} \sin \frac{s}{2\sqrt{k}}.$$

Comparaison avec la géométrie riemannienne. — On sait que la trigonométrie du plan de Riemann est identique à celle de la sphère en géométrie euclidienne. Certains géomètres, comme M. Mansion, disent volontiers « analogue » [1], mais c'est bien « identique » qui est le mot propre.

Où la différence apparait, c'est lorsque l'on cesse de considérer isolément un plan de Riemann et une sphère d'Euclide : dès qu'on les étudie dans l'espace à trois dimensions correspondant, apparait une série d'anti-

---

[1] *Premiers principes de la Métagéométrie ou Géométrie générale,* p. 37.

thèses. Le plan de Riemann est retournable; la sphère
d'Euclide ne l'est pas. Celle-ci a un centre; le premier
en a deux.

Mais on voit de suite, par ce qui précède, que ces
antithèses s'évanouissent si, au lieu d'envisager la sphère
d'Euclide dans un espace à trois dimensions ayant la
droite euclidienne pour géodésique, on l'envisage dans
un espace ayant pour géodésique le grand cercle de la
sphère. Il y a alors identité entre les deux géométries,
et l'un de nos contradicteurs, M. Mansion, le reconnaît
expressément :

« Les propriétés qui constituent, dit-il, la géométrie
de la circonférence considérée sur la sphère de même
rayon, celle de la sphère considérée dans l'espace sphérique de même rayon, sont les mêmes que celles de la
droite dans le plan riemannien, du plan riemannien
dans l'espace riemannien ([1]). »

Pourquoi donc, comme le fait à sa suite M. Barbarin,
M. Mansion repousse-t-il toute identification de deux
choses qui paraissent indiscernables? C'est que, disent-
ils, les distances d'un plan riemannien à ses deux centres
sont comptées sur des droites riemanniennes et non sur
des cercles. Mais précisément il s'agit de savoir si ces
droites ne sont pas des cercles, en sorte que l'objection
résout la question par la question elle-même.

Il convient ici d'ajouter quelques mots sur l'impuis-

([1]) *Annales de la Société scientifique de Bruxelles,* année 1895-96,
Mémoires, p. 161.

sance où se trouvent les géomètres de l'école de MM. Mansion et Barbarin de distinguer des plans divers de Riemann (^{1}), caractérisés par la valeur d'une certaine constante. Dans un triangle rectangle riemannien on a

$$\cos \frac{a}{r} = \cos \frac{b}{r} \cos \frac{c}{r},$$

où r, dit M. Mansion, est un paramètre numérique dont rien, en Géométrie théorique, ne détermine la valeur.

En géométrie sphérique euclidienne, ce paramètre est précisément le rayon de la sphère, et les diverses sphères se différencient par la longueur de ce rayon, quelle que soit d'ailleurs la longueur prise comme unité. Si nous nous enfermions dans une sphère et si nous prenions par exemple pour unité l'arc de 1°, la formule deviendrait

$$\cos \frac{\pi a}{180} = \cos \frac{\pi b}{180} \cos \frac{\pi c}{180},$$

et cela quel que fût le rayon. On voit que tout paramètre caractéristique de la sphère s'est évanoui. C'est qu'en effet, si nous nous enfermons séparément sur diverses sphères, nous n'avons aucun moyen de les distinguer, n'ayant pas de commune mesure à y appliquer : chaque unité ne pourra se définir que par rapport à la surface sur laquelle elle sera prise. En d'autres termes, pour

---

(^{1}) L'impossibilité est du reste la même en ce qui concerne les plans de Lobatchefsky.

pouvoir distinguer deux sphères, il faut les situer dans un même espace à trois dimensions.

Il en va de même de deux espaces sphériques à trois dimensions, qui ne deviennent discernables qu'à condition d'être envisagés dans un espace à quatre dimensions, et la remarque s'étend à leurs grandes sphères.

Lors donc qu'en se confinant dans un espace à trois dimensions on prétend le caractériser, ainsi que son plan ou sa grande sphère, par un paramètre numérique, il y a là une pure illusion.

M. Mansion a opposé à notre argumentation la réflexion suivante, dont la terminaison équivaut à peu près à un accord :

« On peut concevoir, dit-il, des espaces de Riemann et de Lobatchefsky de divers paramètres de la manière suivante : Si l'on connaît b, longueur, rapportée à une certaine unité, du côté d'un triangle rectangle isoscèle déterminé, dont on ignore s'il est euclidien, riemannien ou lobatchefskien, on pourra supposer, avant toute mesure, que la longueur a de l'hypoténuse a n'importe quelle valeur, égale, inférieure ou supérieure à $b\sqrt{2}$. Cela implique la possibilité de valeurs en nombre infini pour r et l, mais non la possibilité de comparer des longueurs dans deux espaces différents (¹). »

Cela signifie qu'on conçoit la possibilité d'espaces

(¹) *Annales de la Société scientifique de Bruxelles,* année 1895-96, p. 182, note.

r désigne le paramètre riemannien dont il a été parlé page 35, et l le paramètre lobatchefskien analogue.

différents mais qu'on ne peut comparer les longueurs qui les caractérisent : on ne peut donc ramener à une même unité le paramètre des divers espaces, ce qui signifie que la distinction conçue ne peut se traduire dans les formules. C'est, dirons-nous, une aspiration à la quatrième dimension, laquelle seule permet de donner une portée effective à une conception supposant au fond implicitement cette quatrième dimension.

M. Russell a fort bien vu que, s'en tenant aux espaces à trois dimensions, il ne peut les caractériser par des constantes :

« Dans ces espaces (les espaces non-euclidiens), dit-il, la constante spatiale est l'unité ultime, le terme fixe de toute comparaison quantitative ; elle est donc elle-même, en tant qu'on la compare à d'autres constantes spatiales, privée de grandeur, puisqu'il n'y a aucune grandeur donnée indépendamment à laquelle on puisse la comparer. La constante spatiale, il est vrai, est une grandeur, en tant que comparée à des grandeurs empiriquement données dans un espace actuel ; si notre espace est non-euclidien, nous pouvons, par exemple, comparer la constante spatiale avec le diamètre de l'orbite terrestre. La constante spatiale, mesurée par cette comparaison, peut avoir une certaine grandeur. Mais c'est seulement par rapport aux grandeurs contenues dans son propre espace que la constante spatiale a une grandeur, et non pas par rapport à d'autres constantes spatiales. On n'a donc pas une série de constantes spatiales plus grandes et plus petites, puisque différentes constantes spatiales appartiennent à différents espaces dont un seul peut être actuel et dont on ne peut, par suite, comparer deux (^{1}). »

Telle est la seule thèse rationnellement soutenable pour ceux qui rejettent toute considération d'un espace à quatre dimensions. Nous nous sommes laissé entraîner dans cette digression, qui nous a mis en contradiction avec bon nombre de géomètres non-euclidiens, parce qu'il nous a semblé intéressant de montrer à ceux qui se défient de cette considération, fondamentale dans notre étude, que, sans elle, la conception d'une double série infinie d'espaces à courbure positive et à courbure négative, enserrant l'espace euclidien comme cas limite de transition, est purement chimérique. Sans la quatrième dimension, il y a l'espace euclidien, l'espace riemannien, l'espace lobatchefskien, également uniques tous les trois. Ceux qui ne se contentent pas de cette solution doivent accepter la quatrième dimension, et alors s'évanouit, nous semble-t-il, la seule difficulté sérieuse qui pouvait les empêcher de nous suivre.

(^{1}) *Essai sur les fondements de la Géométrie*, traduction Cadenat et Couturat, p. 108.

CHAPITRE III.

GÉOMÉTRIE DES ESPACES A COURBURE NÉGATIVE.

Difficulté de l'étude de cette géométrie et méthode adoptée. — Nous avons pu étudier les espaces à courbure positive sans sortir de la géométrie euclidienne, à la condition d'ajouter une dimension à l'espace euclidien vulgaire, attendu que, de même que la sphère à deux dimensions est une surface à courbure positive contenue dans ce dernier espace, de même la sphère à trois dimensions est un espace à courbure positive contenu dans l'espace euclidien à quatre dimensions. Ici la difficulté est plus grande, car, comme nous l'avons dit (p. 13), ce que nous cherchons, c'est un espace contenant des surfaces isogènes à courbure négative, et nous savons qu'il n'en existe pas dans l'espace euclidien ([1]).

Il nous faut donc partir de cette propriété de la courbure négative, c'est-à-dire de l'infériorité de la somme des angles d'un triangle par rapport à deux droits, et établir sur cette propriété, prise comme défi-

---

([1]) Sur ce point, *voir* la réponse à une objection, à la fin de la présente étude (p. 52).

nition, une nouvelle Géométrie. Remarquons d'ailleurs que nous aurions pu procéder ainsi pour les espaces à courbure positive, et cela eût donné plus de symétrie à notre pensée dominante de relier le plus possible les diverses géométries les unes aux autres.

Démonstration de l'équivalence avec le point de départ de Lobatchefsky. — Notre point de départ n'est pas celui de Lobatchefsky, mais on peut passer rapidement de l'un à l'autre, au moyen d'un lemme et d'un théorème.

Lemme. — *Sur un plan à courbure négative (ou nulle) on peut toujours, par un point donné, mener une ligne droite qui fasse avec une droite donnée un angle aussi petit qu'on veut.*

Abaissons du point donné A sur la droite donnée BC, la perpendiculaire AB; prenons à volonté sur BC un point D (*fig.* 3); joignons AD; faisons DE = AD, et

Fig. 3.

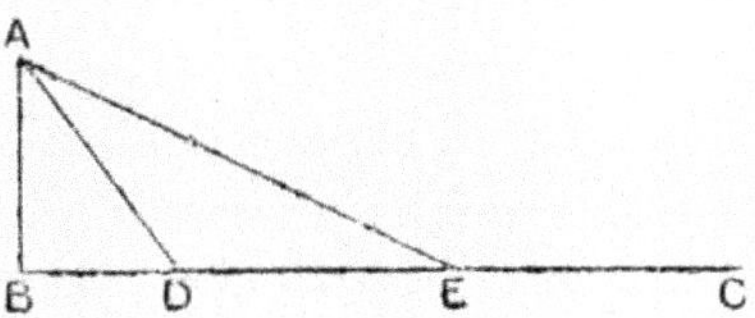

menons AE. Dans le triangle rectangle ABD, désignons l'angle D par α. Dans le triangle isoscèle ADE, l'angle E est plus petit que $\frac{1}{2}\alpha$. En continuant la construction, nous réduirons chaque fois à moins de la moitié de l'angle précédent l'angle de la sécante avec BC. Cet angle s'abaissera donc au-dessous de toute limite.

THÉORÈME. — *Sur un plan à courbure négative, on peut, par un point pris hors d'une droite, mener une infinité de droites ne rencontrant pas la première et formant un faisceau continu.*

Du point A, extérieur à la droite BC (*fig.* 4), j'abaisse

Fig. 4.

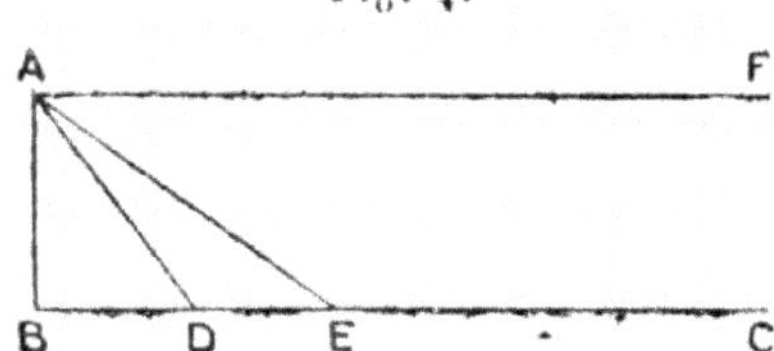

la perpendiculaire AB à cette droite, puis je mène les obliques AD et AE.

Soit $\pi - \alpha$ la somme des angles du triangle ABD et $\pi - \beta$ celles du triangle ADE; dès lors la somme des angles du triangle ABE sera égale à $\pi - (\alpha + \beta)$. On voit donc que, si l'on éloigne E de B, la somme $\alpha + \beta$ ira en croissant et *a fortiori* ne pourra devenir infiniment petite. En même temps, en vertu du lemme, l'angle AEB ira en diminuant au delà de toute limite.

Ceci posé, élevons en A la perpendiculaire AF sur AB. Nous avons

$$\mathrm{ABE} + \mathrm{BAE} + \mathrm{AEB} = \pi - (\alpha + \beta).$$

Tenant compte de ce que

$$\mathrm{ABE} = \mathrm{BAF} = \frac{\pi}{2},$$

on en déduit

$$BAE + AEB = BAF - (\alpha + \beta),$$
$$BAF - BAE - AEB = \alpha + \beta,$$
$$EAF - AEB = \alpha + \beta.$$

D'où il ressort que, quand E s'éloigne indéfiniment, EAF conserve une valeur finie ([1]).

On retombe ainsi sur l'hypothèse fondamentale servant à caractériser les plans de Lobatchefsky, et nous pouvons désormais nous référer aux théorèmes de cette Géométrie sans nous astreindre à les démontrer.

Lignes, surfaces et espaces isogènes. — Ainsi qu'on peut le prévoir, on peut tracer sur un tel plan toutes les lignes isogènes de plus grande courbure que la droite de cet espace. Ces lignes se divisent en deux catégories bien tranchées, les lignes à courbure imaginaire, au sens que nous avons indiqué page 13, et les lignes à courbure réelle. Celles-ci sont les cercles, et parmi eux le cercle de rayon infini qui sert de limite commune aux deux catégories et qu'on appelle *horicycle*. Les lignes à courbure imaginaire sont données par les équidistantes à la droite; nommées *hypercycles*, elles diffèrent infiniment peu de la droite quand elles en sont infiniment voisines et tendent vers l'horicycle quand elles s'en éloignent indéfiniment.

([1]) Les deux droites-limites qui séparent les droites ne rencontrant pas la droite donnée de celles qui la rencontrent lui sont dites *parallèles*.

Les hypercycles jouissent d'une propriété qui leur est commune avec les petits cercles d'une sphère, ces équidistantes d'un grand cercle : si l'on fait passer une droite par deux points quelconques d'un hypercycle, la droite normale à la première en son milieu est aussi normale à la droite dont l'hypercycle est équidistant (*voir* p. 7 et 8). En présence de cette propriété commune, certains géomètres, comme M. Barbarin (¹), donnent aussi le nom d'*hypercycles* aux équidistantes des droites riemanniennes, mais nous ne saurions voir là qu'un abus de langage prêtant aux confusions les plus fâcheuses, ces dernières équidistantes étant des cercles, lignes auxquelles il convient de laisser leur nom, tandis que les hypercycles lobatchefskiens se distinguent nettement des cercles dont ils ne présentent pas la propriété caractéristique.

Dans un espace lobatchefskien à trois dimensions prennent place de même des surfaces isogènes ayant pour géodésiques des hypercycles, des horicycles ou des cercles ; on les appelle respectivement *hypersphères, horisphères, sphères*. On voit ici que le terme d'*hypersphère* a un objet spécial à désigner et que, par suite, il ne convient pas de l'appliquer aux sphères de plus de deux dimensions, comme on le fait parfois.

Les propriétés des hypersphères sont identiquement les mêmes que celles du plan lobatchefskien, au retournement près : c'est que, en effet, ce plan n'est qu'une

---

(¹) *La Géométrie non-euclidienne*, p. 36.

hypersphère située dans un espace où elle soit retournable, et il suffit de considérer un espace lobatchefskien
à quatre dimensions pour y voir une hypersphère donnée
être retournable ou non, suivant que l'espace à trois
dimensions dans lequel on l'envisage a, ou non, même
géodésique qu'elle.

De même, l'horisphère a toutes les propriétés du plan
euclidien, sauf la retournabilité, et cette retournabilité,
on la lui conférera si, parti d'un espace lobatchefskien
à quatre dimensions, on y place une horisphère dans
un espace isogène à courbure nulle, c'est-à-dire dans
un espace ayant l'horicycle pour géodésique (¹).

Enfin les sphères lobatchefskiennes présentent toutes
les propriétés des sphères euclidiennes, si on les envisage dans ce même espace isogène à courbure nulle, et
apparaissent comme des plans riemanniens si l'espace
à trois dimensions choisi dans l'espace lobatchefskien à
quatre dimensions a une courbure positive égale à celle
de la sphère, c'est-à-dire si elle y est grande sphère.

Ces divers espaces isogènes inclus dans un même
espace à quatre dimensions lobatchefskien se coupent
deux à deux suivant une surface isogène quelconque,
pourvu que sa courbure soit algébriquement supérieure
ou au moins égale à celle de l'espace donné de plus forte
courbure.

Dans le cas de l'égalité, la surface d'intersection est
le plan de l'espace de plus forte courbure.

(¹) Remarquons que cet espace isogène à courbure nulle est
homogène, au sens de Delbœuf.

Distance de deux points dans les divers espaces. — Deux points donnés peuvent être reliés par une ligne isogène de courbure quelconque, sauf par les cercles trop petits pour pouvoir passer par ces deux points à la fois, et l'on peut ainsi comparer les distances de ces deux points dans les divers espaces. Nous avons déjà donné (p. 33) la formule qui relie la distance s dans un espace de courbure positive à la distance euclidienne

$$c = 2\sqrt{k}\,\sin\frac{s}{2\sqrt{k}}.$$

Dans un espace à courbure négative, la distance s' est reliée à c, distance suivant un horicycle, par la formule (¹) :

$$c = 2\sqrt{k_1}\,.\,sh\,\frac{s'}{2\sqrt{k_1}}$$

ou

$$c = s' + \frac{1}{1\,.\,2\,.\,3}\,\frac{s'^3}{2^2 k_1} + \frac{1}{1\,.\,2\,.\,.\,.\,5}\,\frac{s'^5}{(2^2 k_1)^2} + \,.\,.\,.\,.$$

dans laquelle k_1 désigne la valeur absolue de k, ici négatif.

On voit de suite que c est plus grand que s', puisque tous les termes du second membre sont essentiellement positifs. C'est qu'en effet le cercle de rayon infini n'est plus ici géodésique, comme il l'est dans l'espace euclidien : il en passe une infinité par deux points et, corrélativement, il n'est pas la ligne de plus courte distance.

(¹) Il suffit matériellement de remplacer k par $-k_1$, dans la formule précédente et de transformer l'expression en fonction hyperbolique. *Voir* Barbarin, *La Géométrie non-euclidienne*, p. 46.

Nous ne devons pas dissimuler une particularité qui, aux yeux de bien des gens, doit paraître singulièrement paradoxale : si k_1 décroît indéfiniment dans la formule précédente, tandis que c reste constant, s' devra décroître indéfiniment et devenir plus petit que toute quantité donnée, car autrement on pourrait donner à k_1 une valeur assez petite pour que le second membre de l'égalité devînt supérieur à la valeur constante de c. Il suit de là que, si long que soit un segment d'horicycle, on peut joindre ses deux extrémités par une ligne aussi courte qu'on voudra.

Non seulement il y a évidemment là de quoi désorienter ceux qui prennent leur imagination comme régulatrice de leur raison; mais on peut se demander s'il n'y a pas plus qu'un paradoxe, une véritable contradiction.

Si l'on peut toujours faire passer une droite de Lobatchefsky, ou un hypercycle, par deux points donnés, quelle que soit sa courbure, c'est que toutes ces lignes sont infinies.

Or ne paraît-il pas contradictoire qu'on ait des lignes infinies quand la distance de deux points quelconques est aussi petite qu'on veut? Il y a même plus : notre égalité ne montre-t-elle pas que, quelle que soit la distance euclidienne (ou suivant un horicycle) de deux points, leur distance est rigoureusement nulle suivant un hypercycle pour lequel k_1 est égal à zéro?

Examinons d'abord cette dernière difficulté où la contradiction apparaît manifeste. Si nous considérons une surface à paramètre nul ou à courbure infinie, cette courbure n'est, à vrai dire, ni positive ni négative, et nous pouvons envisager indifféremment l'une ou l'autre des deux formules. Celle qui concerne les espaces à courbure positive montre que c est forcément nul en même temps que le paramètre k, c'est-à-dire que l'espace se réduit à un point : le plan correspondant est une sphère de rayon nul. On peut donc dire, en un certain sens, que la formule est applicable jusques et y compris la limite; au contraire, celle qui concerne les espaces à courbure négative cesse de l'être précisément à la limite, en sorte que les deux formules se soudent sans solution de continuité au point de vue de l'applicabilité de l'une d'entre elles, mais avec discontinuité dans les résultats de leur application. Il n'y a du reste pas lieu de s'étonner de cette inapplicabilité d'une formule à la limite : c'est un fait très fréquent en Analyse et dû à ce que, dans l'établissement d'une formule, on a implicitement écarté l'hypothèse de la limite.

Reste la première difficulté, ou plutôt la forme atténuée de la même difficulté : bien que deux points aussi éloignés qu'on le veut suivant un horicycle soient aussi voisins qu'on le veut suivant un hypercycle, celui-ci n'en est pas moins infini.

La forme contradictoire de ce paradoxe tient à ce que nous parlons d'une ligne variable comme si elle était fixe. Nous donnant deux points aussi distants que nous le voulons suivant un horicycle, nous prenons une distance euclidienne déterminée, quelle qu'elle soit d'ailleurs; ensuite, si nous nous fixons une valeur de la distance non euclidienne à obtenir, nous trouvons, en fonction de cette valeur, une ligne à paramètre déterminé. Dès lors nous pouvons inversement, l'horicycle étant infini, y trouver un troisième point qui soit à une distance du premier aussi grande qu'on voudra suivant un hypercycle de même paramètre que le précédent.

Il résulte de là que la contradiction entrevue n'était qu'apparente; mais il subsiste un paradoxe, résultant du simple fait que deux points aussi éloignés qu'on veut suivant un horicycle sont aussi voisins qu'on le veut suivant un hypercycle convenablement choisi. Mais, au fond, ce paradoxe doit satisfaire, bien plus que choquer, tout philosophe convaincu de la relativité de l'espace. Il semble bien, en effet, que cette relativité serait incomplète s'il existait entre deux points une ligne qui fût absolument la plus courte : dans un espace donné, il y en a une qui est moins longue que toute autre; mais c'est là une propriété relative à cet espace. Dans les révoltes provoquées par l'énonciation du paradoxe que nous étudions, il n'y a qu'une suite des restes inconscients des suggestions de notre sensibilité et de notre imagination : pour celles-ci, il n'y a qu'un espace possible, et la notion de lignes plus courtes que les droites de cet espace unique est un scandale dont il n'y a lieu ni de s'étonner, ni de s'inquiéter.

Quelques particularités de la géométrie des hypersphères. — En principe, nous avons terminé notre étude; mais nous ne devons pas oublier que nous la destinons particulièrement aux personnes qui ne sont

pas encore familières avec les géométries non-euclidiennes, et, pour ce motif, nous signalerons quelques
particularités de la géométrie des hypersphères, qu'il
convient de ne pas perdre de vue si l'on ne veut pas
s'exposer à commettre mainte erreur par l'admission de
quelque proposition impliquant le *postulatum* d'Euclide,
ainsi que le font les inventeurs de démonstrations de ce
postulatum.

Deux géodésiques qui ne se rencontrent pas ont une
perpendiculaire commune reliant les deux points les
plus voisins. Il en résulte que, si l'on joint par une
géodésique deux points également distants d'une autre
géodésique, la distance minimum de celles-ci correspond,
par raison de symétrie, au milieu de la distance des
deux points donnés : c'est exactement l'inverse de ce
qui se présente sur une sphère où ce milieu correspond
au maximum de distance.

Les deux géodésiques s'écartent ensuite indéfiniment
l'une de l'autre.

La formule S $=$ kE (*voir* la note de la page 12), formule qui donne la surface d'un polygone en fonction
de son excès angulaire, positif ou négatif, et de la courbure de la surface, montre que, sur les surfaces courbes,
les polygones de nombre fini de côtés présentent une
surface nécessairement finie, dont le maximum est égal
à $k_1 \pi$ pour un triangle, sur une surface à courbure
négative. Ce fait surprend au premier abord, les côtés
du triangle pouvant être infinis. Dans ce cas, les côtés
sont parallèles et se rejoignent à l'infini sous un angle
nul.

**Exemple d'une fausse démonstration du « postulatum »
d'Euclide.** — Parmi les nombreux essais de démonstration du *postulatum*, nous en choisirons un comme
exemple pour montrer aux personnes peu familières
avec la géométrie de Lobatchefsky combien il est facile
de laisser passer, souvent de façon implicite, une proposition qui suppose précisément ce postulat. Cet essai
de démonstration est emprunté à M. Jules Richard [1],
qui d'ailleurs en connaît bien le vice et qui l'a formulé
en modifiant une démonstration que croyait avoir donnée M. Carton [2].

Soit une série de n triangles ABC, CDE, EFG, ...,
HKL, LMN (*fig.* 5), tous égaux et rangés sur une

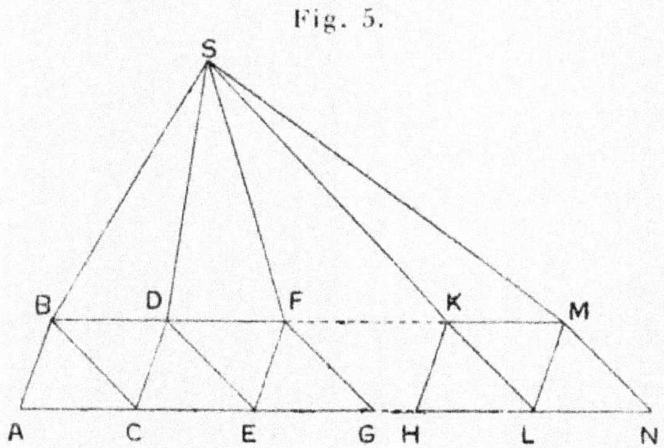

Fig. 5.

même ligne droite AN. Joignons deux à deux les som-
mets B, D, F, ..., K. M par des droites donnant ainsi

[1] *Sur la philosophie des Mathématiques*, p. 87.
[2] M. Richard indique que la démonstration de M. Carton se
trouve dans les *Comptes rendus de l'Académie des Sciences* (vers
1867) et dans la *Géométrie sans axiomes* de Perronet-Thomson.

naissance à $n - 1$ triangles égaux entre eux, mais non forcément égaux aux premiers. Prenons un point S au-dessus de cette figure et joignons-le aux points B, D, F, ..., K, M. Nous obtenons ainsi un pentagone SBANM divisé en $3n - 2$ triangles. Supposant que la somme des angles d'un triangle est inférieure à deux droits, nous désignerons par $2 - a$ celle de chacun des triangles de la première série et par $2 - b$ celle de chacun des triangles de la deuxième série, en sorte que la somme des angles des triangles de ces deux séries est égale à

$$2n - na + 2n - 2 - (n - 1)b,$$

à quoi nous ajouterons celle des angles des triangles de la troisième série, qu'on peut désigner par $2n - 2 - k$. La somme de tous les angles de la figure est dès lors égale à

$$6n - 4 - na - (n - 1)b - k.$$

Calculons autrement cette même somme. Il y a d'abord la somme S des angles du pentagone. En chacun des points C, E, G, ..., H, L on a deux droits, ce qui en donne $2n - 2$; en chacun des points D, F, ..., K il y en a quatre, d'où une somme de $4n - 8$ droits et un total général

$$S + 6n - 10.$$

Égalant les deux expressions, on obtient

$$S = 6 - [na + (n - 1)b + k].$$

Si petits que soient a, b et k, on peut prendre n assez grand pour que S soit négatif, ce qui est absurde. La

somme des angles d'un triangle ne peut donc être inférieure à deux droits.

Le postulat qui s'est glissé dans cette démonstration
consiste en ce que nous avons admis que, si loin que se
prolongerait la première série de triangles, il serait
possible de trouver un point S tel qu'en le joignant
aux points B, D, ..., K, M les droites ainsi menées ne
rencontreraient pas la ligne brisée BD...KM. Essayons
de montrer comment cette hypothèse peut être illé-
gitime.

D'après ce que nous avons vu tout à l'heure, la
droite BD est à sa distance minimum de la droite AN
au point milieu entre B et D et, au delà de ces deux
points, elle s'éloigne indéfiniment de celle-ci. S'il y a
donc, au-dessus de la ligne brisée BD...KM, des points
qui soient également au-dessus de la droite BD, il en
est d'autres qui sont compris entre les deux lignes. Rien
n'empêche évidemment de choisir l'un des premiers
pour point S, et alors SB ne rencontrera pas la ligne
brisée avant le point B; mais il faut satisfaire à la même
condition de l'autre côté de la figure, et rien ne prouve
qu'on puisse avoir un point S qui soit à la fois au-dessus
de BD et de la dernière droite KM, puisque BD et KM
peuvent ne pas se rencontrer : nous pouvons même
maintenant affirmer qu'on ne le peut pas, sur une
hypersphère, si l'on prolonge suffisamment la construction.

Réponse à une objection. — M. Barbarin, pour com-
battre l'identification des plans et sphères de Riemann

et des sphères d'Euclide, demande d'abord pour quel motif on n'identifierait pas également à ces dernières sphères celles de Lobatchefsky et l'horisphère de celui-ci au plan d'Euclide. On a vu que c'est précisément ce que nous faisons, et il n'y a là par conséquent aucune objection qui puisse nous toucher. Mais M. Barbarin fait plus : il pose des questions analogues à l'égard des pseudo-sphères euclidiennes ou riemanniennes à courbure constante négative, ayant par suite même trigonométrie que les plans lobatchefskiens, ainsi qu'à l'égard des hypercycloïdes ou canaux, tant riemanniens que lobafchefskiens, qui ont une courbure constante nulle et, par suite, même trigonométrie que le plan euclidien.

Nous avons traité cette question, en ce qui concerne les pseudo-sphères euclidiennes, dans un article des *Annales de la Société scientifique de Bruxelles* (¹) que cite M. Barbarin lui-même, et l'on pourrait faire des réponses plus ou moins semblables pour les autres surfaces.

A ne les envisager qu'en elles-mêmes, les pseudo-sphères euclidiennes se distinguent des plans de Lobatchefsky en ce que les géodésiques des premières se coupent deux à deux un nombre infini de fois, tandis que celles des derniers se coupent au plus une fois. De même, par deux points d'une pseudo-sphère passe une infinité de géodésiques, tandis qu'il n'en passe qu'une sur un plan lobatchefskien. Par là même, le déplacement d'une figure sur une pseudo-sphère peut faire

---

(¹) Année 1895-96. Mémoires. p. 128.

naître ou évanouir certaines intersections ou, plus généralement, changer les points où elles se produisent.

En outre (et cette considération a une portée générale), si l'on considère une pseudo-sphère dans un espace à trois dimensions, elle présente des courbures principales essentiellement variables, liées seulement par la condition que leur produit soit constant, en sorte que les figures déplacées sur elle se déforment alors même qu'elles ne présentent pas de ces intersections adventices dont nous parlions tout à l'heure.

Objection tirée de l'existence d'espaces isométriques. — Le dernier argument que nous avons formulé prête le flanc à une objection de si grande portée, en apparence, qu'elle est même en un sens irréfutable.

Vous parlez, peut-on nous dire, d'une différence de deux surfaces de même courbure qui n'est appréciable que dans un espace à trois dimensions. Or, on pourrait envisager chacune de ces surfaces dans un espace qui lui fût approprié, de telle sorte qu'aucune différence n'apparût entre les deux systèmes de surface et d'espace.

Supposons, par exemple, un cylindre à directrice infinie ouverte, tel qu'un cylindre parabolique : intrinsèquement, il ne peut être distingué d'un plan, mais il s'en distingue si on le place dans un espace euclidien, parce qu'alors une seule de ses sections principales est à courbure nulle. Au contraire, si on l'envisage dans un espace à trois dimensions ayant mêmes géodésiques que notre cylindre, celui-ci y jouira exactement des propriétés du plan dans l'espace euclidien, et cette indiscernabilité peut être poursuivie indéfiniment en augmentant le nombre des dimensions.

Ceci peut s'appliquer aux espaces sphériques et aux espaces de Riemann : vous en avez démontré l'isométrie, peut-on nous dire, mais nullement l'identité. L'objection est irréfutable; mais quelle en est la vraie portée? On ne fait jamais que des Géométries générales, convenant à tous les espaces isométriques. Ceux-ci peuvent être discernés si, à un moment quelconque, on les place dans un même espace et si on leur attribue dans cet espace des propriétés distinctes; mais, tant qu'on poursuit parallèlement une double série d'espaces isométriques, il est puéril de prétendre les distinguer puisqu'ils sont essentiellement indiscernables. L'objection ne se réfute pas : elle s'annihile d'elle-même, et telle sera la conclusion de notre étude.

FIN.

TABLE DES MATIÈRES.

Pages.

PRÉFACE.......... V

CHAPITRE I.

GÉOMÉTRIE EUCLIDIENNE A UNE, A DEUX ET A TROIS DIMENSIONS.

Remarque préliminaire... 1

§ I. — *Symétrie et retournabilité*............................ 2
    Symétrie sur une ligne................................. 2
    Symétrie sur une surface.............................. 4
    Symétrie dans l'espace 5

§ II. — *Géométrie sphérique*.................................. 7

§ III. — *Généralisation de la notion de courbure* 8
    Courbure d'un arc..................................... 8
    Courbure d'une surface................................ 10
    Retour à la courbure d'une ligne...................... 12

CHAPITRE II.

GÉOMÉTRIE EUCLIDIENNE A QUATRE DIMENSIONS.

Besoin de cette Géométrie...................................... 15
Prétendue fin de non-recevoir.................................. 16

§ I. — *Livre V de la Géométrie à quatre dimensions* 17
    Conception de l'espace à quatre dimensions 17
    Étude des quatre droites perpendiculaires entre elles menées
        par un point...................................... 18

Pages.

Rotation autour d'un plan...................................... 22
Figures symétriques par rapport a un plan................ 23
Coordonnées.. 23

§ II. — *Sphères à trois dimensions*........................ 24
Leur définition, leur contenu et leur contenant............ 24
Étude analytique des sphères à deux dimensions.......... 27
Retournabilité d'une sphère dans un espace sphérique à
    trois dimensions approprié................................ 29
Double centre des sphères.................................... 32
Comparaison avec la Géométrie riemannienne.............. 33

CHAPITRE III.

GÉOMÉTRIE DES ESPACES A COURBURE NÉGATIVE.

Difficulté de l'étude de cette Géométrie et méthode adoptée.... 39
Démonstration de l'équivalence avec le point de départ de
    Lobatchefsky.. 40
Lignes, surfaces et espaces isogènes........................ 42
Distance de deux points dans les divers espaces.............. 45
Quelques particularités de la Géométrie des hypersphères...... 48
Exemple d'une fausse démonstration du *postulatum* d'Euclide. 50
Réponse à une objection...................................... 52
Objection tirée de l'existence d'espaces isométriques.......... 54

FIN DE LA TABLE DES MATIÈRES.

35488   Paris. — Imp. GAUTHIER-VILLARS, quai des Grands-Augustins, 55.

LIBRAIRIE GAUTHIER-VILLARS,

QUAI DES GRANDS-AUGUSTINS, 55, A PARIS (6ᵉ).

BRISSE (Ch.), Professeur à l'École Centrale et au lycée Condorcet, Répétiteur à l'École Polytechnique. — **Cours de Géométrie descriptive.** 2 volumes grand in-8 se vendant séparément.

> Iʳᵉ PARTIE, à l'usage des élèves des classes de Mathématiques élémentaires. 2ᵉ édition revue par C. BOURLET, Docteur ès Sciences, Professeur au Lycée Saint-Louis et à l'Ecole des Beaux-Arts. Avec 255 figures; 1901 .... 5 fr.

> IIᵉ PARTIE, à l'usage des élèves de la classe de Mathématiques spéciales. Avec 209 figures; 1891 .... 7 fr.

FREYCINET (Ch. de), de l'Institut. — **Essais sur la Philosophie des Sciences**, *Analyse*; *Mécanique*. In-8; 1896 .... 6 fr.

FREYCINET (C. de), de l'Institut. — **De l'expérience en Géométrie.** Volume in-8 de XX-175 pages; 1903 .... 4 fr.

JOUFFRET (E.), ancien Élève de l'École Polytechnique, membre de la Société mathématique de France. — **Traité élémentaire de Géométrie à quatre dimensions.** *Introduction à la Géométrie à n dimensions.* Grand in-8, de XXIX-213 pages avec 65 figures; 1903 .... 7 fr. 50 c.

RICHARD (Jules), Docteur ès Sciences mathématiques, Professeur de Mathématiques au Lycée de Dijon. — **Sur la Philosophie des mathématiques.** In-18 jésus de 248 pages; 1903 .... 3 fr. 25 c.

RUSSELL (Bertrand A.-W.), M. A., Fellow of Trinity College, Cambridge. — **Essai sur les fondements de la Géométrie.** Traduction par ALBERT CADENAT, Licencié ès Sciences mathématiques, Professeur de Mathématiques au Collège de Saint-Claude, revue et annotée par l'AUTEUR et par LOUIS COUTURAT, Chargé de Cours à l'Université de Toulouse. Grand in-8 de X-274 pages avec figures; 1901 .... 9 fr.

SCHŒNFLIES (Dʳ Arthur), Professeur à l'Université de Göttingen. — **La Géométrie du mouvement. Exposé synthétique.** Traduit de l'allemand, par CH. SPECKEL, Capitaine du Génie. Edition revue et augmentée par l'auteur; suivie de *Notions géométriques sur les complexes et les congruences de droites*, par G. FOURET, Examinateur d'admission à l'Ecole Polytechnique. In-8, avec 27 figures; 1893 .... 6 fr. 50 c.

35488   Paris. — Imprimerie GAUTHIER-VILLARS, quai des Grands-Augustins, 55.